七个世界　一个星球

SEVEN WORLDS ONE PLANET

展现七大洲生动的生命图景

非洲

[英] 丽莎·里根 / 文　孙晓颖 / 译

科学普及出版社
·北　京·

野生动物的天堂

作为世界第二大洲，非洲是世界上最具标志性和特色的野生动物的家园。然而，非洲也是世界人口第二大洲，而且很多地区不适宜人类和动物居住，这里的生物必须具备适应能力。沙漠、山脉、热带稀树草原和位于刚果河流域的世界第二大热带雨林交织在一起，形成了非洲丰富多样的自然景观。

● **国家和地区总数：**54 个 ● **面积最大的国家：**阿尔及利亚 ● **面积最小的国家：**塞舌尔

- 非洲大约有 **200 座火山**，其中很多是活火山。坦桑尼亚的伦盖伊火山喷发的火山灰滋养着塞伦盖蒂平原，使其成为肥沃的牧场。
- 非洲大陆横跨**赤道**，以高温著称。
- 非洲有 **54 个国家**，是世界上国家数量最多的大洲，这里拥有丰富多样的自然景观、语言文化及生物物种。
- 非洲有丰富的**贵重矿物**资源，如黄金、钻石、铂和铀。

尼罗河是世界上最长的河流，它向北流经 11 个国家，在埃及汇入地中海。

在有人类居住的大陆中，非洲的**干燥**程度位居第二（仅次于澳大利亚）。

沙漠之地

非洲的炎热沙漠比其他任何大陆都多。事实上，非洲面积的三分之一是沙漠。非洲的沙漠通常白天炎热，夜晚极冷。其中包括世界最大的热沙漠——著名的撒哈拉沙漠；非洲第二大沙漠卡拉哈里沙漠；以及世界上最古老的沙漠之一纳米布沙漠。

- **最高的山峰**：乞力马扎罗山
- **最大的湖泊**：维多利亚湖
- **最长的河流**：尼罗河

非洲概览

非洲很大！整个大陆遍布辽阔的原野，与拥挤繁忙的大都市形成鲜明对比。非洲大陆幅员辽阔，让这里拥有了多种多样的气候和景观。这里有炎热的沙漠、郁郁葱葱的热带稀树草原、多雨的丛林、白雪皑皑的山顶，以及波光粼粼的湖泊和蜿蜒曲折的河流。

非洲也有企鹅，叫作斑嘴环企鹅，有时也被称为公驴企鹅。

蜜獾享有“世界上最无畏的动物”之美誉。

塞伦盖蒂是世界上最大的迁徙动物群的家园。

大型动物

非洲大草原是世界上最适合大型动物群繁衍生息的地方。这里的一些标志性动物，如大象、犀牛、河马、长颈鹿、角马、狮子、大猩猩，在全世界范围内都算大块头。

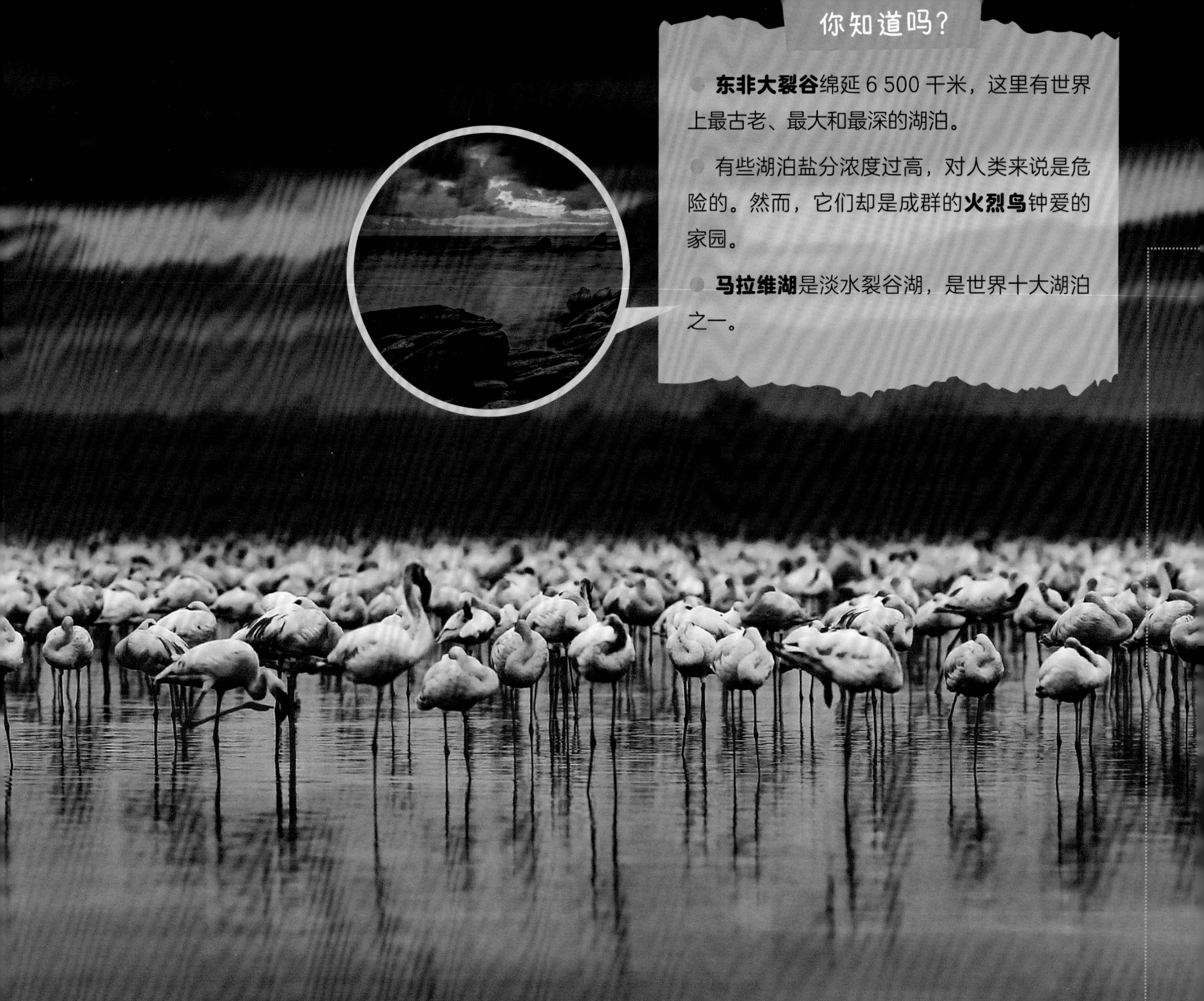

你知道吗？

- **东非大裂谷**绵延 6 500 千米，这里有世界上最古老、最大和最深的湖泊。
- 有些湖泊盐分浓度过高，对人类来说是危险的。然而，它们却是成群的**火烈鸟**钟爱的家园。
- **马拉维湖**是淡水裂谷湖，是世界十大湖泊之一。

非洲猿类

大猩猩是体形最大的灵长类动物，仅见于非洲大陆。不同亚种分布在不同地区，通常被河流、森林和山脉分隔开。它们都是胸膛宽阔的大型动物，过着群居生活。

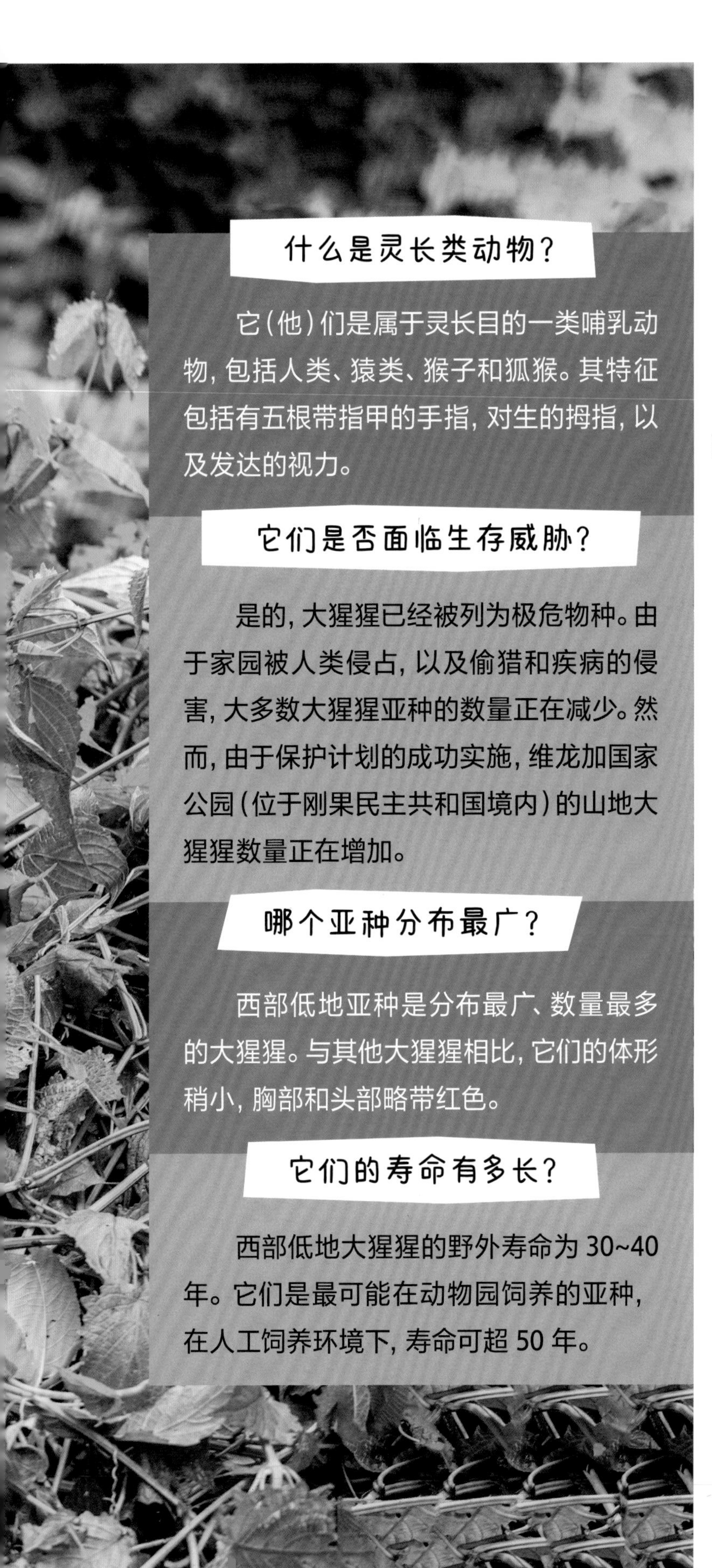

什么是灵长类动物?

它(他)们是属于灵长目的一类哺乳动物,包括人类、猿类、猴子和狐猴。其特征包括有五根带指甲的手指,对生的拇指,以及发达的视力。

它们是否面临生存威胁?

是的,大猩猩已经被列为极危物种。由于家园被人类侵占,以及偷猎和疾病的侵害,大多数大猩猩亚种的数量正在减少。然而,由于保护计划的成功实施,维龙加国家公园(位于刚果民主共和国境内)的山地大猩猩数量正在增加。

哪个亚种分布最广?

西部低地亚种是分布最广、数量最多的大猩猩。与其他大猩猩相比,它们的体形稍小,胸部和头部略带红色。

它们的寿命有多长?

西部低地大猩猩的野外寿命为 30~40 年。它们是最可能在动物园饲养的亚种,在人工饲养环境下,寿命可超 50 年。

西部大猩猩

学名: *Gorilla gorilla*

分布: 西非国家

食物: 植物、水果

威胁: 疾病、栖息地丧失、偷猎

受胁等级 *: 极危

这是摄制组在刚果盆地拍摄的西部低地大猩猩。

特征: 大猩猩体形庞大,身强力壮。除了脸、手和脚,全身都覆盖着毛发。它们没有尾巴,眼睛和耳朵都很小,鼻孔很大,额头有一道隆起;可以用后腿站立,但通常用四肢行走,指关节蜷曲触地。虽然身形庞大,样貌凶悍,但它们却是性情平和、温文尔雅的动物。

* 关于受胁等级的说明,请参阅第 44 页。

西部低地大猩猩

和其他亚种一样，西部低地大猩猩是群居动物，由一只占主导地位的雄性领导。这只雄性大猩猩被称为银背大猩猩，因其背部有一片灰白色的毛发。群体中大多数或所有幼崽都是它的子女。

“躁起来”

大猩猩通常很安静，但当它们想交流时就会发出声音。它们会吠叫、喊叫或者尖叫，还会发出咕噜咕噜的声音。雄性通过站起来用手拍打胸脯展示自己的力量和体形。

筑巢休息

大猩猩白天和晚上都会用树叶和树枝做窝。白天做一个午睡的窝；日落时分，再搭一个夜晚睡觉的新窝。

温和的大块头

成年雄性大猩猩身高可达 1.8 米，尽管并非所有亚种都能达到这个高度；最重的个体体重可超过 200 千克，但大多数个体体重为 140 ~ 170 千克。

幼崽依赖母亲生活长达五年。

素食主义

西部低地大猩猩以素食为主，饮食随季节而变化。在雨季，它们尽情享用各种水果；在旱季，水果很难获取，它们更多地吃树叶、树根、树皮和草本植物。

大猩猩有强壮的下颌和结实的犬齿，可以咀嚼坚硬的植被。

这些生活在卢旺达的
大猩猩是东部大猩猩
（*Gorilla beringei*）。

大猩猩有两个物种，每种又分为两个亚种，共四个亚种。

山地大猩猩亚种生活在高山地带，但仍是森林居民。它们有更厚的皮毛，帮它们抵御高海拔的低温。

大猩猩非常聪明。人们在野外观察到，它们会把木棍当作工具来使用。

大猩猩在享用喜欢的食物时会发出“哼哼”声，就像人类发出“嗯嗯”声一样。

雌性大猩猩每4~6年生育一只幼崽。

北白犀

图中两头北白犀分别叫作纳金和法图，都是雌性。它们是世界上仅存的两头北白犀。地球上最后一头雄性北白犀死于 2018 年。鉴于自然繁殖已无可能，如果体外受精技术（IVF）没有突破，那么这一物种将会灭绝。这两头珍贵的北白犀由专门的武装卫兵保护，以使它们免受偷猎者的侵害。正是偷猎导致大量犀牛被杀害。

北白犀

学名： *Ceratotherium simum cottoni*

分布： 肯尼亚奥佩亚塔野生动物保护区

食物： 草

受胁等级： 极危（但已野外灭绝）

扫码看视频

黑犀与白犀

白犀分为两个亚种：北白犀和南白犀。它们的外观略有不同，曾经生活在非洲大陆的不同区域。黑犀也生活在非洲，但和白犀是完全不同的物种。两种犀牛都有厚厚的皮肤、小小的眼睛，还有一大一小两只鼻角。

白犀的名字可能源于南非荷兰语中的“宽大”（weit）一词，因为白犀的嘴巴又宽又平。后来，这个词被误传为“白色”（white）。白犀主要吃草。

现存多少？

白犀数量比黑犀多，可能有 2 万头，而野生黑犀数量可能不足 4 000 头。

你知道吗？

- 黑犀有时被称为**钩唇犀**，其嘴巴形状不同于白犀。
- 黑犀有**可卷曲**的上唇，可以将树枝和树叶等食物拉到嘴里。
- 黑犀的大小只有白犀的**三分之二**左右。
- 黑犀和白犀都被列为**极危物种**。

土豚

学名：*Orycteropus afer*

分布：撒哈拉沙漠以南非洲的大部分地区

食物：昆虫和它们的幼虫（主要是白蚁和蚂蚁）

天敌：狮子、花豹、鬣狗、蛇

威胁：栖息地丧失、捕猎（野生动物肉类贸易）、气候变化

受胁等级：无危

特征：土豚体形矮壮，看起来有点儿像猪和食蚁兽的混合体。它们有拱形的背部，身上覆盖着粗糙的毛发；鼻子很长，末端呈圆盘状，上有鼻孔；头和耳朵也很长；前脚有四个脚趾，后脚有五个脚趾，脚趾上有又大又硬的趾甲，介于蹄和爪之间。

挖洞能手

这只嗅来嗅去的动物是土豚，世界上最大的穴居动物。它有一个长而灵敏的鼻子和惊人的嗅觉。土豚用强壮的腿和锋利的、像铲子一样的爪子寻找食物。它可以钻到 6 米深的地下，并能以极快的速度挖洞以躲避捕食者。

它们吃什么？

它们捕捉昆虫，主要以白蚁为食。这些昆虫营养丰富，而且全年都可以获得。白蚁富含水分，这对于生存在卡拉哈里沙漠的土豚来说十分有利。

它们如何捕捉白蚁？

土豚是挖掘能手，能轻而易举地扒开坚硬的白蚁丘或蚂蚁穴，用又长又黏的舌头把里面的昆虫舔食干净。

它们住在哪里？

它们大多在夜间活动，白天栖息在自己挖掘的洞穴里。土豚遗弃的洞穴往往会被其他动物（比如疣猪）占据。

它们是群居吗？

不，它们通常独来独往，交配期除外。它们在一年中的某个特定时间交配，这取决于土豚生活的区域。

地下栖居

土豚非常适应在地下生活。它们的鼻孔可以闭合，能防止昆虫爬入并阻挡灰尘。而钻入地下时，它们的长耳朵可以折起来以防止土壤进入。

土豚视力很差,因而依靠嗅觉寻找食物和探测危险,它们的听觉也相当灵敏。

保持安全

土豚蜷缩在洞穴里睡觉，在此期间洞口几乎被堵住，以确保安全。它们离开洞穴时，通常会静静站几分钟，检查是否有危险，然后再向前跃进。

蠕虫状舌头

土豚的舌头又薄又长，约 30 厘米，有黏性，能伸入洞穴舔食昆虫。

抚育幼崽

雌性土豚一次只生一只幼崽，孕期为七个月（没有人类母亲那么长）。刚出生的土豚幼崽非常小，没有毛发，但眼睛是睁开的。幼崽和母亲一起生活几个月，直到长大，可以独自挖洞。

扫码看视频

马拉维湖是位于东非大裂谷南部的湖泊之一。

迷人的鱼类

东非大裂谷中的一连串淡水湖是慈鲷的家园。这些慈鲷同属于慈鲷科，但已演化成1 500多个不同的物种。

口中孵化

雌性慈鲷用嘴含着鱼宝宝，以保护它们的安全。危险解除后，小鱼才会从妈妈的嘴里游出来。鱼卵孵化前，鱼妈妈也这样口含鱼卵。

伺机而动的密点歧须鮠

1 这些密点歧须鮠（一种鲇鱼）正在水中潜伏。

2 这对正在交配的慈鲷吸引了它们的注意。

3 鲇鱼伺机偷食了很多珍贵的慈鲷鱼卵。

4 又悄悄地把自己的鱼卵留给慈鲷口育。

5 现在，鲇鱼躲了起来，等待小鲇鱼孵化。

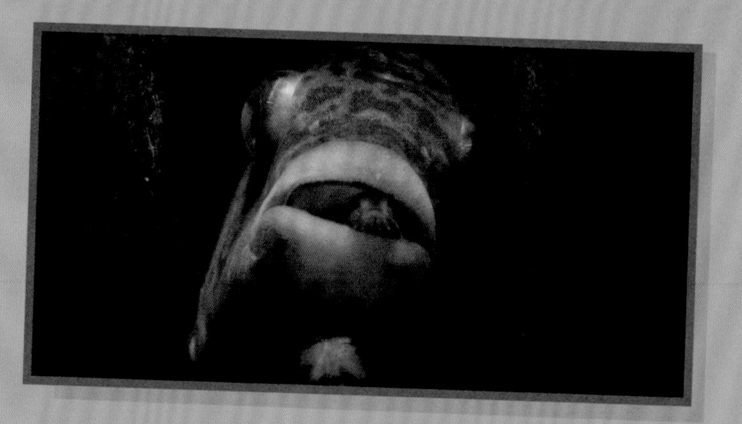

6 可怜的慈鲷妈妈，小鲇鱼也在你的嘴里！它会吃掉你的慈鲷宝宝。

坦噶尼喀湖和马拉维湖里挤满了各种慈鲷，其中很多是口育鱼。雌性慈鲷会把鱼卵和小鱼藏在嘴里，防止它们被吃掉。

在非洲和亚洲，生活着不同种类的大象，它们都属于濒危或极危物种。

非洲草原象生活在非洲草原上。
非洲草原象是世界上最大的陆生动物，比其近亲——非洲森林象还要大。

非洲草原象

学名： *Loxodonta africana*

分布： 非洲中部和南部地区

食物： 植物（树叶、树皮、树根、草本植物和水果）

天敌： 幼象和体弱的大象会被狮子、鬣狗和鳄鱼捕食

威胁： 偷猎、栖息地丧失

受胁等级： 濒危

非洲象的鼻子末端有两根手指状突起。

特征： 雄性非洲草原象身高 3 ~ 3.5 米（雌性略矮），前腿比后腿长。它们的皮肤很厚，呈灰色，有褶皱；长有稀疏的毛发，主要集中在背部、尾巴和眼睛周围。它们喜欢在泥里洗澡，防止皮肤被晒伤。

象鼻的作用是什么？

大象的鼻子可以用来闻气味、呼吸、发出声音，甚至在游泳时充当呼吸管。此外，象鼻包含成千上万块肌肉，可以灵活地抓起食物并送入嘴里。象鼻还可以吸水、喷水，满足大象喝水和淋浴的需求。

耳朵为什么那么大？

大耳朵既能帮助大象降温，又能使它们拥有灵敏的听觉。非洲草原象的耳朵比其他种类大象的耳朵都要大，其形状如同地图上非洲大陆的轮廓。

象牙由什么构成？

象牙实际上是大象长长的上牙，且终生都在生长。象牙的构成与人类的牙齿相同，牙本质外面是坚硬的牙釉质。非洲草原象不论雌雄都有象牙，但雄性的象牙通常更大。

它们有几个宝宝？

雌象每 4 ~ 5 年生产一次，每次只产一头小象。它们的孕期是所有哺乳动物中最长的，足足有 22 个月。

非洲的象征

大象的特征很明显：庞大的身躯，褶皱的皮肤，长鼻子、大耳朵和长牙。它们是群居动物，对非洲的炎热气候有非凡的适应能力。

扫码看视频

和大象一起觅食！

1 在旱季，很难找到食物。

2 这可难不倒世界上最大的陆生动物！

3 但有些果子实在太高了，连大象都够不到……

4 除非开动脑筋！想办法够得高一点儿，再高一点儿…… **好了，吃到啦！**

嗜血的鸟

这些小鸟被称为牛椋鸟，常栖息在大型食草动物身上，啄食它们皮肤上的寄生虫。在享用美味佳肴的同时，牛椋鸟能帮助食草动物除掉身体上的害虫。不过，观察表明，它们不仅吃食草动物身上的蜱虫和跳蚤，还以开放性伤口的血液为食。

红嘴牛椋鸟

学名： *Buphagus erythrorhynchus*

食物： 蜱虫，水蛭，跳蚤等昆虫，以及死皮和血液

受胁等级： 无危

它们能长多大？

红嘴牛椋鸟能长到 20 厘米左右长，与鹡鸰差不多大。

它们对大型食草动物有利吗？

在某种程度上，大型食草动物的皮肤得到了很好的清洁，尤其是它们触碰不到的部位。此外，牛椋鸟在察觉到捕食者靠近时，会发出嘶嘶声警告食草动物逃跑。然而，这些鸟会不停地啄食食草动物的伤口，使血液源源不断地从伤口流出，即便惹得食草动物发怒，它们也不会离开。

它们在哪里觅食?

牛椋鸟会从食草动物的背部啄食寄生虫，也会找出潜伏在食草动物耳朵、鼻子、腿部或者下体的蜱虫。

红嘴牛椋鸟因其鲜艳的红喙而得名。

扫码看视频

过夜访客

非洲还有一种黄嘴牛椋鸟，以长颈鹿和水牛身上的寄生虫为食，甚至可以在长颈鹿的后腿间过夜。

你知道吗？

● 牛椋鸟长期生活在食草动物身上，甚至在这里交配。

● 它们把巢建在树上，有时还会使用食草动物身上的**毛发**筑巢。

非洲动物图鉴

你会经常看到一只动物身上站着成群的牛椋鸟。这些鸟有强有力的脚趾和锋利的趾甲，可以牢牢附着在动物身上，还有短小的喙，方便啄虫。有些动物无法忍受，会四处走动以摆脱它们。下面这些非洲动物都为牛椋鸟提供食物。

黑斑羚

黑斑羚是一种羚羊，它们成群结队以保护自己免受狮子等捕食者的伤害。它们的奔跑速度很快，姿态优雅，跳得又高又远。

水牛

非洲水牛是一种大型有蹄动物，长着巨大的角。它们成群生活，脾气暴躁，甚至有一定攻击性和危险性。

犀牛

这些庞然大物眼睛很小，以近视著称。当危险临近时，栖息在它们身上的牛椋鸟可能会通过尖叫或迅速离开提醒它们。

疣猪

疣猪和猪同属猪科。这种看起来很疯狂的动物长着又大又扁的头，它们有四个锋利的獠牙，用来保护自己和挖掘食物。

斑马

斑马的特征十分明显，它们有黑白相间的皮毛、鬃毛和长尾巴。每只斑马的条纹都是独一无二的，就像人类的指纹一样独特。

长颈鹿

这种性情温和的生物是世界上最高的动物。成年雄性长颈鹿可超三人高，就连它们的尾巴都有 1 米长。

破纪录者

猎豹以世界上速度最快的陆生动物而闻名，这些威严的猫科动物因独特的身体结构，能够以最快的速度追逐和移动。猎豹生活在非洲草原，但在沙漠、森林和灌木丛林地也能发现它们的踪影。

猎豹的数量正在减少。如今，非洲的猎豹已不足8 000只。

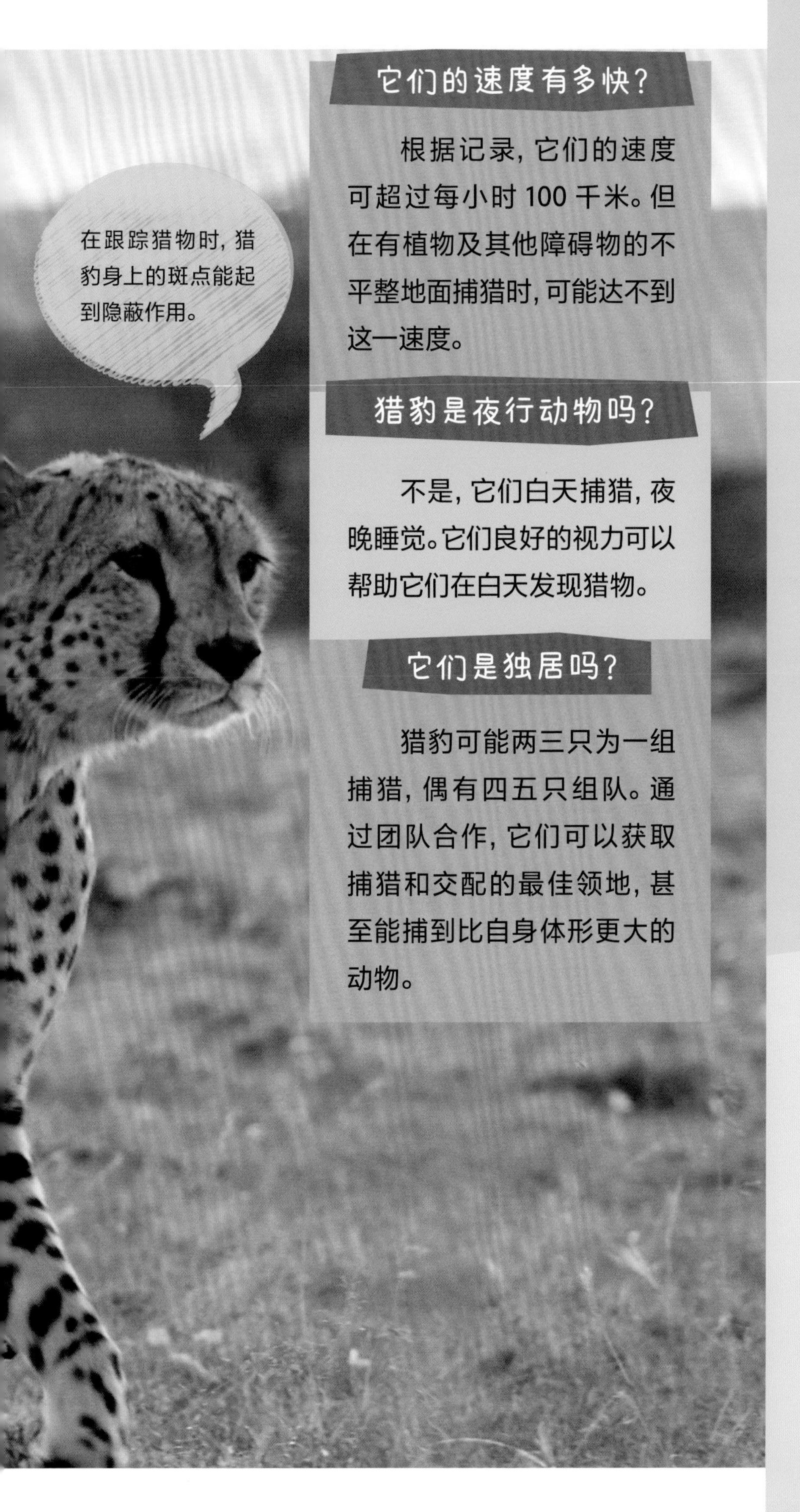

它们的速度有多快？

根据记录，它们的速度可超过每小时 100 千米。但在有植物及其他障碍物的不平整地面捕猎时，可能达不到这一速度。

猎豹是夜行动物吗？

不是，它们白天捕猎，夜晚睡觉。它们良好的视力可以帮助它们在白天发现猎物。

它们是独居吗？

猎豹可能两三只为一组捕猎，偶有四五只组队。通过团队合作，它们可以获取捕猎和交配的最佳领地，甚至能捕到比自身体形更大的动物。

猎豹

学名： *Acinonyx jubatus*

分布： 非洲多国，少量在亚洲的伊朗

食物： 包括瞪羚和犬羚在内的羚羊

天敌： 幼崽可能被狮子、花豹、鬣狗或猛禽捕食

威胁： 栖息地丧失、捕猎、路杀

受胁等级： 易危

特征： 猎豹为奔跑而生。在转向时，它们的长尾巴可充当方向舵；半伸缩的爪子使其拥有额外的抓地力；宽大的胸腔和鼻孔可以最大限度地吸入氧气；纤细的身体、灵活的脊椎及细长而有力的腿，造就了它们的超大步幅。

群体生活

有些猎豹独来独往，但也有许多猎豹生活在小群体中。一个群体通常由一只雌性猎豹和它的幼崽、弟弟妹妹或者有亲缘关系的成年雄性组成。由雄性组成的群体领地意识强，常用尿液、粪便或爪痕在地面和树上留下印记，以标记领地。

悄悄靠近

猎豹虽然跑得快，但仅限于短距离内。为了提高捕猎的成功率，它们必须接近到距猎物 30 米处同时避免被发现。它们在植被的掩护下悄悄靠近，然后进行追击。有时，当猎物被其他猎豹分散注意力时，一只猎豹会冲出来，从后方扑向猎物。

猎杀行动

一旦猎豹扑向猎物，猎豹群就会合力将其掀翻在地，其中一只猎豹会咬住猎物的脖子使其咽气。

猎豹幼崽

雌性猎豹一次通常产下几只幼崽，有时多达六只。刚出生的幼崽又小又弱，也不能行走，几天后才能睁开眼。幼崽背部长着长长的背毛，这可能是为了掩护它们不被捕食者发现。随着年龄的增长，它们会逐渐褪去背毛。

猎豹不会咆哮，但它们会发出咕噜声、颤鸣声，以及尖锐的叫声。

猎豹脸上的黑色“泪痕”被认为可以帮助它们在耀眼的阳光下更好地观察。

大多数猫科动物的爪子下面有柔软的肉垫，但猎豹的爪垫很结实，这有助于增加其奔跑时的抓地力。

猎豹尾巴的长度超过其体长（不含尾巴）的一半。

猎豹幼崽向妈妈学习如何捕猎。
极速奔跑后，猎豹必须停下来休息一下、降降温，然后才能进食。
扫码看视频

沙漠居民

这是一只棕鬣狗，非洲最稀有的捕食者之一。它已经适应了在非洲最古老的沙漠——纳米布沙漠中的生活。这些鬣狗必须应对白天 50 摄氏度的高温；此外，它们每天可能要奔波 30 多千米来寻找食物。

它们吃什么？

它们是杂食动物，吃各种各样的食物。它们可能会捕杀小动物，但主要以各种蛋、昆虫、水果和其他捕食者留下的猎物尸体为食。然而，有一个鬣狗种群已经能轻车熟路地在纳米布骷髅海岸的海滩上捕食海豹幼崽。

它们有几只幼崽？

雌性鬣狗一胎产一到四只幼崽。幼崽以妈妈的乳汁为食，直到三个月后才开始吃固体食物。

这个废弃的采矿小镇是鬣狗躲避纳米布沙漠正午酷热的好地方。

棕鬣狗

学名： *Parahyaena brunnea*

分布： 南非、博茨瓦纳、纳米比亚、安哥拉、津巴布韦

受胁等级： 近危

扫码看视频

你知道吗？

- 这里由沙子和岩石构成，几乎没有任何地表水，只有**地下河。**
- 不过，这里靠近**大西洋**，清晨的薄雾和海雾会带来湿气。
- 沙漠中散落着钻石矿工居住过的**采矿城镇**的废墟。
- 这里有世界上**最高的沙丘**，沙子中的氧化铁使沙丘呈橙色。
- 一些生物白天栖息在洞穴里，到了凉爽的夜晚才出来活动，比如**沙壁虎**。

鬣狗强壮的牙齿和颌部能够咬碎骨头。

一科四种

棕鬣狗是在非洲发现的四种鬣狗之一。所有鬣狗的前腿都很长，这使它们拥有独特的倾斜的背部。它们的耳朵突出，颌部有力，听力和夜视能力极强。不同种类的鬣狗生活在非洲大陆的不同地区，其中缟鬣狗分布最广。

大笑的鬣狗

鬣狗以笑声闻名，但只有斑鬣狗才会发出这种声音。它们发出的号叫声、高呼声和咯咯笑声混在一起，几千米外都能听到。棕鬣狗和缟鬣狗比较安静，它们用肢体语言和气味而不是声音来进行交流。

鬣狗图鉴

鬣狗大多生活在一个由高层个体领导的群体中。斑鬣狗群由雌性主导，雌性因体形比雄性更大而具有更强的攻击性；棕鬣狗群由雄性首领领导；缟鬣狗更倾向于成对生活。

斑鬣狗

斑鬣狗是体形最大的鬣狗，擅长捕捉猎物，也吃腐肉。

土狼

土狼属于鬣狗科，身上有条纹，尾巴长而多毛，但体形和力气都不如缟鬣狗大，主要以昆虫为食。

缟鬣狗

缟鬣狗身上有黑色的条纹，背部也有浓密的长毛。

棕鬣狗

棕鬣狗是体形第二大的鬣狗，毛发比其他鬣狗更长、更蓬松，耳朵是尖的而不是圆的。

风险名录

世界自然保护联盟(IUCN)《受胁物种红色名录》收录了全球动物、植物和真菌的相关信息，并对每个物种的灭绝风险进行了评估。该名录由数千名专家共同编写，将物种的受胁水平分为七个等级——从无危（没有灭绝风险）到灭绝（最后一个个体已经死亡），名录中的每一个物种都被归入一个等级。

- **毁林**是全球性问题。每年有 2 600 万公顷森林遭到砍伐，为农场、城市和工厂让路。每秒都有一个足球场大小的森林消失。
- 非洲森林中的**偷猎者**是一个长久的威胁。为了获取动物的某些身体部位（用于制作珠宝、装饰品和药物）及野味贸易，偷猎者大量捕杀野生动物。
- 人们认为，非洲大陆曾经生活着 2 000 万头大象，如今只剩下 **35 万头**。人类捕杀大象的主要目的是象牙贸易。

非洲的森林面积减少速度被认为是世界其他地区的两倍。

危机四伏的非洲

非洲的野生动物资源丰富，但人类正对其造成毁灭性的影响。世界各地的平均气温都在飙升，科学家们预测，到 22 世纪，非洲南部的气温将是全球平均气温的两倍。这些气候变化极大地影响着非洲的许多野生动物。除了气候变化，非法捕猎、疾病和栖息地破坏同样给这些动物带来了严重的威胁。然而，即使是灭绝风险极高的野生动物，在我们的努力下，其数量仍有恢复的可能。

● 毁林会导致干旱加剧。

扫码看视频

你知道吗？

- 有四种**穿山甲**生活在非洲，还有四种生活在亚洲。它们都受到法律的保护。
- 穿山甲是世界上**被交易最多的动物**。仅十年时间，就有 100 多万只穿山甲在野外被捕猎。
- 穿山甲和土豚一样，有一条**长长的舌头**，可以用来舔食白蚁和蚂蚁。

动物危机

非洲有许多标志性动物，而其中很多都面临威胁，被列为易危、濒危或者极危物种，比如犀牛、大猩猩、斑马和长颈鹿的一些物种，还有穿山甲、非洲野犬、大象、河马、黑猩猩及其近亲倭黑猩猩等其他动物。因人类的侵扰而死亡的动物比任何其他原因都多。我们有责任尽可能制定反偷猎法和栖息地保护计划，来帮助恢复这些动物的数量。

野生细纹斑马可能仅剩不到 2 000 只。

埃塞俄比亚狼被认为是世界上最稀有的犬科动物。

偷猎、疾病和栖息地丧失对黑猩猩构成了极大的威胁。

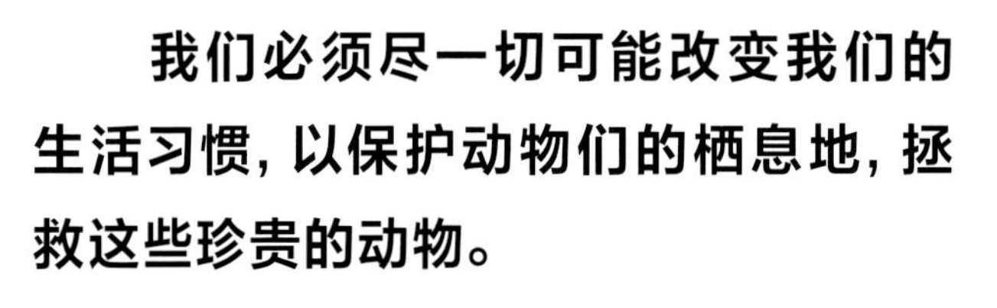

我们必须尽一切可能改变我们的生活习惯，以保护动物们的栖息地，拯救这些珍贵的动物。

名词解释

淡水湖 水体含盐量在 1 克 / 升以下的湖泊。

地下河 地面下的河流，又称“暗河”或“伏流”。一般有地表流水注入，并可在适当地方流出地表。

毁林 将森林生态系统转变为耕地、牧场、城市等其他用地的行为或现象。

活火山 还在喷发，或者现今虽未喷发，但有活动性，预料将会喷发的火山。

热带稀树草原 位于干旱季节较长的热带地区，以旱生草本植物为主，星散分布着旱生乔木、灌木的植被。

偷猎 违法的狩猎活动。

野外灭绝 一个生物分类单元（如物种）的个体仅生活在人工圈养状态下，野外个体全部消失。

自然繁殖 在自然环境条件下生物亲体自行交配生产后代的过程。